Anicet Batcho

Uma tentativa de controlo de resíduos químicos tóxicos na produção hortícola

Anicet Batcho

Uma tentativa de controlo de resíduos químicos tóxicos na produção hortícola

Beauveria bassiana (Balsamo) Vuillemin (Ascomycota: Hypocreales) como alternativa para o controlo de Plutella xylostella

Imprint

Any brand names and product names mentioned in this book are subject to trademark, brand or patent protection and are trademarks or registered trademarks of their respective holders. The use of brand names, product names, common names, trade names, product descriptions etc. even without a particular marking in this work is in no way to be construed to mean that such names may be regarded as unrestricted in respect of trademark and brand protection legislation and could thus be used by anyone.

Cover image: www.ingimage.com

This book is a translation from the original published under ISBN 978-3-639-71050-2.

Publisher:
Sciencia Scripts
is a trademark of
Dodo Books Indian Ocean Ltd. and OmniScriptum S.R.L publishing group

120 High Road, East Finchley, London, N2 9ED, United Kingdom
Str. Armeneasca 28/1, office 1, Chisinau MD-2012, Republic of Moldova, Europe
Managing Directors: Ieva Konstantinova, Victoria Ursu
info@omniscriptum.com

Printed at: see last page
ISBN: 978-620-8-38905-5

Tentativa de controlo de resíduos químicos tóxicos na produção hortícola como alternativa ao controlo da traça-das-couves *Plutella xylostella* (L.) (Lepidoptera: Plutellidae) através da utilização de tecnologia de regulação verde.

Anicet BATCHO Estudante de doutoramento

ÍNDICE DE CONTEÚDO

Resumo

A produção alimentar é negativamente afetada por numerosas pragas e insectos, o que leva a uma redução do rendimento e a uma má qualidade dos produtos. A utilização de pesticidas sintéticos era o método mais comum de controlo de pragas em muitas culturas agrícolas. Estes produtos químicos sintéticos têm efeitos em todos os organismos vivos. Esta investigação tenta utilizar uma tecnologia de regulação ecológica como alternativa para controlar a *Plutella xylostella* das couves, com vista a reduzir a libertação de produtos químicos tóxicos e de resíduos. Estudos de virulência em diferentes estirpes (Bb6, Bb11, Bb115, Bb116 e Bb362 de *Beauveria bassiana* (Balsamo) Vuillemin (Ascomycota: Hypocreales) foram avaliados em diferentes doses). Várias doses de 0 (controlo), 10^4 , 10^5 , 10^6 , 10^7 , 10^8 e 10^9 conidies ml^{-1} de 5 estirpes diferentes foram aplicadas topicamente nas larvas de terceiro estádio de *P. xylostella*. Foram medidos diferentes tipos de parâmetros das larvas em termos de mortalidade, taxas de esporulação, número de pupas que emergiram adultas, número de ovos postos pelos adultos sobreviventes e a taxa de sobrevivência das larvas foi examinada em diferentes doses, tendo sido efectuada uma análise estatística utilizando a regressão de Cox. Verificou-se que a estirpe Bb11 de *Beauveria bassiana* (Balsamo) produziu a virulência mais elevada em comparação com outras estirpes a 10^9 conídios/ml. Por outro lado, a estirpe Bb6 produziu um efeito de virulência inferior a 10^9 conídios/ml em comparação com a dose de controlo. Devido ao efeito larvicida das diferentes estirpes de fungos, o peso percentual das fêmeas adultas diminuiu significativamente em comparação com o controlo.

Palavras-chave: *Beauveria bassiana,* controlo biológico, fungos entomógenos, dose letal, *Plutella xylostella*

CAPÍTULO 1. INTRODUÇÃO

O boom da urbanização resultou num aumento acentuado da procura de alimentos, especialmente de culturas de alto valor, como frutas, legumes e outras culturas hortícolas (Kahane *et al.,* 2013). A produção de alimentos já não é vista apenas como o fornecimento de nutrição para uma população em crescimento, mas também como uma contribuição para a redução da pobreza, melhores resultados de saúde e conservação dos recursos naturais (Sayer & Cassman, 2013). A agricultura urbana tem ganhado importância crescente como uma estratégia viável para as pessoas com recursos limitados gerarem renda adicional e reduzirem sua dependência da renda em dinheiro para o cultivo de alimentos (Vidogbena *et al.,* 2015). No entanto, a pressão de uma população urbana crescente que exige alimentos frescos, a produção de alimentos e a agricultura urbana em particular, estão inevitavelmente ligadas ao uso indiscriminado de pesticidas. Estes prejudicam o ambiente e expõem muitas pessoas a pesticidas tóxicos (De Bon *et al.,* 2014). A produção de vegetais em África está agora altamente dependente de insecticidas, não só em locais dominados por culturas de rendimento em grande escala, mas também em sistemas de produção de pequenos agricultores (Migwi, 2016). A aplicação e o manuseamento inadequados de pesticidas frequentemente proibidos podem danificar o ambiente e afetar tanto a saúde do requerente como a dos consumidores das culturas e dos produtos hortícolas (Vidogbena et al., 2015). As brássicas, como a couve (Brassicaceae), são um dos produtos hortícolas exóticos mais consumidos nas regiões tropicais e subtropicais da África Ocidental, atravessando uma vasta gama de culturas e agro-ecologias (Lohr & Kfir, 2004). Estes legumes são cultivados durante todo o ano, mas são principalmente afectados por insectos (Parrot *et al.,* 2014; Vidogbena *et al.,* 2016). Estudos realizados no sul da África Ocidental por (Simon *et al.,* 2014) revelaram que 70% dos produtores de couve aplicam quatro a cinco tratamentos químicos por mês, duplicando ou triplicando a dose recomendada. Apesar da disponibilidade de muitos pesticidas registados e do aumento das frequências e dosagens dos tratamentos com pesticidas, os rendimentos dos produtos hortícolas continuam a diminuir devido ao desenvolvimento de resistência aos insecticidas entre os principais insectos. Os biopesticidas estão a ganhar interesse devido às suas vantagens associadas à segurança ambiental, especificidade do alvo, eficácia, biodegradabilidade e adequação aos programas de gestão integrada de pragas (IPM) (S. Kumar & Singh, 2015).

Os fungos entomopatogénicos, cuja infeção ocorre através da cutícula, oferecem uma oportunidade única e esta caraterística está a ser explorada, pois estes fungos são capazes de matar o inseto e podem ser transferidos de um indivíduo para outro por simples contacto (Kaaya & Hassan, 2000). Uma investigação conduzida pelo Instituto Internacional de Agricultura Tropical do Benim (IITA-Benim) concluiu que os biopesticidas foram prontamente aceites pelos agricultores para reduzir os perigos de muitos pesticidas sintéticos em África (A. Cherry, 2006). Assim, os biopesticidas são uma das alternativas promissoras para gerir a poluição ambiental e podem ser utilizados como uma componente da gestão integrada das pragas na agricultura. Nos últimos anos, *Beauveria bassiana* tem despertado um interesse crescente na utilização de fungos para o controlo de pragas de insectos. Este ressurgimento do interesse levou à produção em larga escala de vários candidatos promissores de fungos com uma ampla distribuição natural; o seu potencial para controlar mais de 70 pragas de insectos tem sido responsável por um aumento substancial do interesse na produção em larga escala do fungo para aplicações no campo. Esta investigação estuda o efeito de cinco estirpes *de B. bassiana* aplicadas no 3º estádio (L3) das larvas *de P. xylostella* para determinar a sua eficácia.

CAPÍTULO 2. REVISÃO DA LITERATURA

Produção de couves e importância socioeconómica

A couve (Brassica oleracea var. capitata L.) tem a sua origem na Europa e é cultivada extensivamente há mais de 2500 anos como cultura alimentar vegetal (Dixon, 2007). É uma cultura muito versátil e pode ser consumida crua, cozinhada, cozida e recheada. As couves são uma fonte alimentar altamente nutritiva e contêm uma grande quantidade de vitaminas e minerais; são particularmente abundantes em vitamina C (Porterfield, 1951). A couve é geralmente considerada uma cultura de clima frio e germina a uma temperatura mínima do solo de 4°C e a uma temperatura óptima entre 18° C e 35° C. A temperatura óptima para o crescimento é de aproximadamente 18° C, com uma média máxima de 24° C e uma média mínima de 4,5° C (Körner, 2003). A cultura é também geralmente resistente às geadas. São recomendados solos argilosos bem drenados com uma profundidade de enraizamento efectiva de aproximadamente 600 mm. Dependendo da variedade e da região, as couves podem ser cultivadas durante todo o ano (Kibirige, 2014). Na região de Highveld, a cultura não deve ser semeada entre maio e julho devido às baixas temperaturas. As couves são geralmente transplantadas como plântulas. Recomenda-se a utilização de plântulas saudáveis com um mês de idade para efeitos de transplante (SAVVA & FRENKEN). Sendo uma hortaliça de folha cheia de vitaminas, são produzidas anualmente cerca de 70 milhões de toneladas de couves, cultivadas em 3,8 milhões de hectares em quase 150 países diferentes (Evans, 1996). O número de toneladas de couves produzidas em todo o mundo é quatro vezes superior ao da couve-flor e dos brócolos (Nonnecke, 1989). A produção de couves, em consequência do aumento das necessidades da população e da evolução dos regimes alimentares, registou um aumento de 20% nos cinco anos entre 2000 e 2005 (Schneider & Francis, 2005). O maior produtor de couves é a China, com quase 50% da produção mundial. A Índia, a Rússia e a Coreia produzem mais de 3 milhões de toneladas, seguindo-se a Ucrânia, o Japão e a Indonésia (Leff, Ramankutty, & Foley, 2004). Têm uma grande importância económica em todo o mundo e são utilizadas diferentes espécies. A principal espécie hortícola de couve é a *B. oleracea,* que fornece uma grande variedade de tipos únicos de couve e repolho (Rakow, 2004). Grande parte da produção é consumida localmente; no entanto, existem centros de produção em certos países, como o sul da Califórnia, de onde os produtos são enviados em camiões especializados para outros estados e para o Canadá durante todo o ano. A Bretanha, em França, é o centro europeu de produção e investigação de legumes Brassica (Pua & Douglas, 2004).

Devido aos seus potenciais benefícios para a saúde humana e à crescente consciencialização dos consumidores sobre o papel da dieta na prevenção de doenças, o consumo de brássicas vegetais irá aumentar (Leff et al., 2004), havendo uma necessidade específica de melhorar este vegetal saudável no que respeita à sua produção segura (J. Lee, Mahendra, & Alvarez, 2010).

Pragas e doenças da couve

A couve é um hospedeiro de várias pragas que incluem o mês das costas em diamante (DBM). A podridão negra, as manchas fúngicas e a podridão mole bacteriana são as principais doenças que atacam a couve (Quadro 1).

Quadro 1: Principais pragas e doenças da couve

Ordem	Família	Género	Espécies
Heterópteros	Coreídeos	Anoplocnemis	A.madagascariensisSinal
	Pentatomídeos	Bagrada	B.picta F.
Homópteros	Aphididae	Brevicoryne	B.brassicae (L.)
	Aphididae	Lipaphis	L.erysimi (Kalt)
	Aphididae	Braquicolo	B.brassicae
Hymenoptera	Tenthredinidae	Athalia	A.malagassa Sauss
Dípteros	Agromyzidae	Liriomyza	L.trifolii Burgess
Lepidópteros	Pyralidae	Crocidolomia	C.binotalis Zeller
	Pyralidae	Hellula (aebia)	H.undalis (F.)
	Noctuidae	Spodoptera	S.littoralis Boisd
	Yponommeutidae	Plutella	P.xylostella
Thysanoptera	Thripidae	Tripes	T.tabaci Lind.

Fonte: (Hill etWalter., 1988)

Traça-das-costas (Plutella xylostella)

P. xylostella é uma das principais pragas das culturas de couve em todo o mundo. Causam danos ao alimentarem-se de folhas, botões, flores e vagens (D. Sharma & Rao, 2012). O nível de danos varia muito, dependendo da fase de crescimento da planta, do número, tamanho e densidade das larvas (Fitt, 1989). As traças adultas têm 8 a 10 mm de comprimento e dobram as asas sobre o corpo, formando uma espécie de tenda. As asas são castanhas claras com três formas de diamante pálido. As larvas eclodem dos ovos e são de um verde amarelado pálido (Shivalingaswamy & Satpathy, 2007). Contorcem-se violentamente e caem da planta quando são perturbadas. As larvas maduras (10 a 12 mm de comprimento) transformam-se em pupas em casulos de malha branca presos a folhas ou caules (SARWAR, 2017). Na primavera, podem ocorrer grandes voos de mariposas poedeiras e cada fêmea pode pôr até 200 ovos (Stamp, 1980). Os números aumentam regularmente de outubro a dezembro, diminuem no calor do verão e voltam a aumentar quando o tempo arrefece no outono (Pearce & Feng,

2013). O desenvolvimento de resistência aos insecticidas é uma preocupação para as populações de traça-das-crucíferas. Devem ser seguidas estratégias para reduzir o risco de desenvolvimento de resistência (Shelton, Tang, Roush, Metz, & Earle, 2000).

Origem e distribuição

A traça-das-couves é provavelmente de origem europeia, mas encontra-se atualmente em todo o mundo (Figura 1) (Talekar, 1996). Foi observada pela primeira vez na América do Norte em 1854, no Illinois, mas já se tinha espalhado para a Florida e para as Montanhas Rochosas em 1883, e foi registada na Colúmbia Britânica em 1905 (Oke, Charles, Ismael, & Lesperance, 2010). Em África, a traça-das-crucíferas é agora registada em todos os locais onde se cultivam couves. No entanto, é altamente dispersiva e é frequentemente encontrada em zonas onde não consegue hibernar com sucesso (Moazami, 2008).

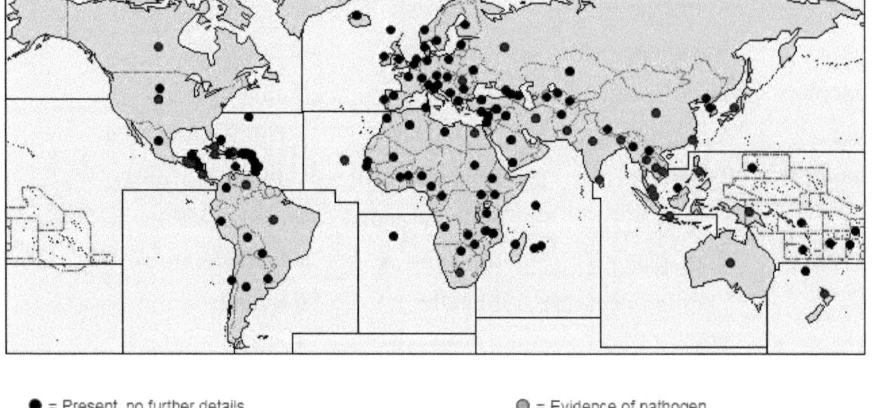

Figura 1: Mapa de distribuição de *P. xylostella* em todo o mundo
(http://www.cabi.org)

Descrição

O tempo de desenvolvimento desde a fase de ovo até à fase de pupa é em média de 25 a 30 dias, dependendo do clima, com uma variação de cerca de 17 a 51 dias (Grassberger & Reiter, 2002).

- Ovos

Os ovos da traça-da-couve são ovais e achatados, medindo 0,44 mm de comprimento e 0,26 mm de largura (Capinera, 2008). São de cor amarela ou verde pálida e são depositados individualmente ou em pequenos grupos de dois a oito ovos em depressões na superfície da folhagem ou, ocasionalmente, noutras partes da planta (Peterson, 1964). As fêmeas podem depositar 250 a 300 ovos, mas a produção média total de ovos é provavelmente de 150 ovos. O tempo médio de desenvolvimento é de 5,6 dias (Capinera, 2008).

Foto 1: Ovos de *P. xylostella* depositados individualmente numa folha de couve

- Larvas

As larvas da traça-das-crucíferas têm quatro instares. O tempo médio e o intervalo de desenvolvimento são de cerca de 4,5 (3-7), 4 (2-7), 4 (2-8) e 5 (2-10) dias, respetivamente (Sahu, 2008). O desenvolvimento das larvas é bastante pequeno e ativo. Se forem perturbadas, muitas vezes contorcem-se violentamente, movem-se para trás e giram para fora da planta num fio de seda (Gowri & Manimegalai, 2016). O comprimento de cada instar varia entre 1,7 e 11,2 mm, respetivamente, para os instares 1 a 4 (Mays & Kok, 1997). A forma do corpo larvar afunila-se em ambas as extremidades, e um par de patas protuberantes sobressai da extremidade posterior, formando um "V" distinto. As larvas são incolores no primeiro instar, mas depois disso são verdes (KALE, 2007). O corpo tem relativamente poucos pêlos, que são curtos em comprimento, e a maioria é marcada pela presença de pequenas manchas brancas (R. Kumar, 1966). Inicialmente, o hábito alimentar das larvas de primeiro instar é a mineração de folhas, embora sejam tão pequenas que as minas são difíceis de notar

(Zalucki, Clarke, & Malcolm, 2002). As larvas emergem das suas minas no final do primeiro instar, fazem a muda por baixo da folha e, a partir daí, alimentam-se na superfície inferior da folha. A sua mastigação resulta em manchas irregulares de danos, e a epiderme superior da folha é frequentemente deixada intacta

(Center, Dray Jr, Jubinsky, & Grodowitz, 2002).

Foto 2: Larvas de traça-das-crucíferas em folha de couve

- Pupa

A pupação ocorre num casulo de seda solto, geralmente formado nas folhas inferiores ou exteriores (Askari, Mertins, & Coppel, 1977). Também pode ocorrer nos floretes, a pupa amarelada tem 7 a 9 mm de comprimento (Teetes, Reddy, Leuschner, & House, 1983). A duração média do casulo varia de cinco a 15 dias (Shorey, Andres, & Hale Jr, 1962).

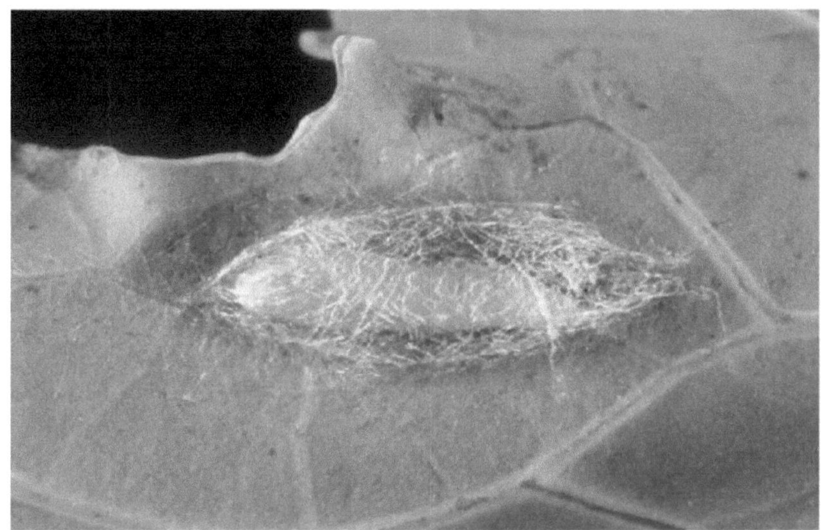

Foto 3: Pupa da traça-das-couves *P. xylostella*

- Adultos

O adulto da traça-das-couves é pequeno, esguio, castanho-acinzentado, com antenas pronunciadas (S. SHARMA). Tem cerca de 6 mm de comprimento e é marcado por uma larga faixa creme ou castanha clara ao longo do dorso. A faixa é por vezes apertada para formar um ou mais diamantes de cor clara no dorso, que é a base para o nome comum deste inseto (Philips, Fu, Kuhar, Shelton, & Cordero, 2014). Quando vistas de lado, as pontas das asas podem ser vistas ligeiramente viradas para cima. Os machos e fêmeas adultos vivem cerca de 12 e 16 dias, respetivamente, e as fêmeas depositam ovos durante cerca de 10 dias (Clutton-Brock, 1988). Normalmente, as traças voam pouco, a menos de 2 m do solo, e não voam longas distâncias. No entanto, são facilmente transportadas pelo vento (Capinera, 2008).

Foto 4: Adulto da traça-das-couves *P. xylostella*

Plantas hospedeiras

A Plutella xylostella ataca apenas plantas da família Cruciferae (Gols & Harvey, 2009). Todas as culturas hortícolas crucíferas são consumidas, incluindo brócolos, couves-de-bruxelas, repolho, couve chinesa, couve-flor, couve-galega, couve-rábano, mostarda, rabanete, nabo e agrião (McNaughton & Marks, 2003). No entanto, várias infestantes crucíferas são hospedeiros importantes, especialmente no início da estação, antes de estarem disponíveis culturas cultivadas (Hooks & Johnson, 2003).

Danos

Os danos da traça da couve são causados pela alimentação das larvas (Alford, Nilsson, & Ulber, 2003). Embora as larvas sejam muito pequenas, podem ser bastante numerosas, resultando na remoção completa do tecido foliar, exceto das nervuras das folhas (Hasibuan, Christalia, Susilo, & Yasin, 2011). Isto é especificamente prejudicial para as plântulas e pode perturbar a formação da cabeça em couve, brócolos e couve-flor e a presença de larvas em floretes pode resultar na rejeição completa do produto, mesmo que o nível de remoção do tecido vegetal seja insignificante (D. Sharma & Rao, 2012). (D. Sharma & Rao, 2012). Há muito que se suspeitava que a resistência aos insecticidas era uma componente do problema. Tal foi confirmado na década de 1980, quando os insecticidas piretróides começaram a falhar e, pouco depois, praticamente todos os insecticidas se tornaram ineficazes (Pretty, 2012).

Foto 5: Danos da traça-das-couves causados pela alimentação das larvas

Inimigos naturais

Estudos demonstraram que os parasitóides Microplitis plutellae (Muesbeck) (Hymenoptera: Braconidae), Diadegma insulare (Cresson) (Hymenoptera: Ichneumonidae), são bem sucedidos em matar larvas grandes, pré-pupas e pupas (Khatri, 2011). Todos são específicos de P. *xylostella.* O néctar produzido por flores silvestres é importante na determinação das taxas de parasitismo por D. insulare (J. C. Lee & Heimpel, 2005). Os parasitas dos ovos são desconhecidos. Fungos, vírus da granulose e vírus da poliedrose nuclear ocorrem por vezes em populações de larvas de traça-das-crucíferas de alta densidade (Ghahari, Fischer, & Jussila, 2012).

Resistência de *P. xylostella*

Foi detectada resistência a insecticidas paratiroides sintéticos em populações de traça-das-crucíferas (Rinkevich, Du, & Dong, 2013). Foi desenvolvida uma "estratégia de janela" para o controlo da traça-das-crucíferas, a fim de reduzir o risco de desenvolvimento de resistência (Grzywacz et al., 2010). Várias opções de controlo biológico da P. xylostella foram desenvolvidas em todo o mundo (Zalucki et al., 2012). O controlo benéfico natural inclui predadores de insectos, tais como insectos assassinos, vespas de papel, crisopídeos e joaninhas (DeBach & Rosen, 1991). Os parasitas incluem as vespas Trichogramma que parasitam os ovos da traça e outras vespas como Apanteles e Cotesia spp. que parasitam a lagarta (Gross, 1993). Os vírus da poliedrose nuclear (NPV) são controlos biológicos altamente eficazes e selectivos (Fathipour & Sedaratian, 2013). O Bt é um veneno bacteriano para o estômago de todas as lagartas, que é pulverizado na folhagem como outros insecticidas (Cranshaw, 2003).

O NPV é um vírus que ataca a estrutura celular da lagarta, formando "cristais" que matam a lagarta após alguns dias (Sarwar, 2016). Tanto o Bt como o NPV são aplicados na folhagem, onde são comidos por lagartas que se alimentam ativamente e morrem três a cinco dias depois. A utilização de Bt e NPV é segura para insectos benéficos, abelhas e mamíferos (Moazami, 2008).

Os fungos entomopatogénicos, como Beauveria bassiana, são utilizados principalmente para controlar pragas de artrópodes (Dara, Dara, & Dara, 2016). Nos últimos anos, a investigação demonstrou os seus efeitos endofíticos nas plantas e os seus potenciais benefícios na melhoria do crescimento e da saúde das plantas (Berg, 2009).

Melhoramento da planta de couve contra pragas e doenças

O rendimento e a qualidade são fundamentais para a produção sustentável de produtos hortícolas. Se não forem corretamente geridas, as pragas e as doenças podem reduzir drasticamente o rendimento das culturas, a qualidade e os rendimentos subsequentes (Hobbs, Sayre, & Gupta, 2008). Uma boa gestão das pragas e doenças pode proteger este investimento de perdas evitáveis (Atwal, 2000). A cultura da couve com um rendimento elevado é importante para obter a máxima rentabilidade. Agronomicamente, a chave para culturas de alto rendimento é uma nutrição equilibrada das plantas (Fageria, 2016). Obtêm-se colheitas elevadas de couves saudáveis em solos férteis onde a água não é limitante. Uma boa estrutura do solo é essencial para um forte desenvolvimento das raízes, bem como para um bom Programa Integrado de Controlo de Pragas (IPM).

Avaliação do impacto económico do controlo biológico

Uma estrutura de função de produção com função de controlo de danos integrada é um procedimento padrão na produção agrícola e é frequentemente utilizada em estimativas de produtividade de medidas de controlo de pragas, principalmente de pesticidas (Popp, Peto, & Nagy, 2013). É introduzida uma nova abordagem que utiliza *B. bassiana* na análise económica do controlo biológico, seguindo a função de produção com o quadro de controlo de danos (Desneux et al., 2010). Os agentes de controlo de danos, como a *B. bassiana*, são importantes para aumentar a produtividade diretamente, como acontece com os factores de produção normais, mas contribuem indiretamente para a produção real, evitando perdas de produção, bem como os ambientes (Jenkins & Grzywacz, 2000). Além disso, o estabelecimento do controlo biológico pode ser reforçado por vários métodos de gestão integrada da produção (Eilenberg, Hajek, & Lomer, 2001).

Controlo de P. *xylostella*

Existem vários métodos de controlo da traça-das-couves, tais como: controlo químico, cultural, botânico e microbiológico.

Controlo químico

Os métodos de controlo químico continuam a ser a principal estratégia para reduzir as populações da praga entre os produtores de crucíferas (Grzywacz et al., 2010). Os grupos químicos utilizados para o controlo desta praga apresentam uma grande variabilidade em termos de ingrediente ativo, formulação e classes toxicológicas e ambientais (Jeschke, 2004). No entanto, o uso inadequado de piretróides sintéticos, por exemplo, no controlo de *P. xylostella* aumentou consideravelmente a frequência de resistência em diferentes populações de traça-das-crucíferas a alguns tipos de ingredientes activos deste grupo químico e as populações de *P. xylostella* são consideradas muito propensas a desenvolver resistência a alguns ingredientes activos (Furlong, Wright, & Dosdall, 2013). Além disso, a redução da eficiência dos pesticidas e o aumento da frequência de aplicação podem não conduzir a uma redução significativa dos danos nas culturas (Matthews, 2008).

Controlo cultural

As práticas mais recentes de gestão de pragas seguidas pelos agricultores centram-se na proteção das plântulas de crucíferas, utilizando estratégias culturais específicas (Grzywacz et al., 2010). Devido ao insucesso dos insecticidas no controlo da traça-das-crucíferas, o interesse está a crescer na utilização de controlos culturais na produção comercial de crucíferas (Sarfraz, Keddie, & Dosdall, 2005). Várias estratégias culturais têm sido implementadas com algum sucesso, entre as quais a cultura intercalar, o uso de irrigação por aspersão, a cultura armadilha, a rotação de culturas de cobertura e o cultivo limpo (Talekar & Shelton, 1993). A mortalidade de *P. xylostella* foi significativamente maior com o cultivo intercalar de couve chinesa (Brassica chinensis) com alho (Allium sativum) e alface (Lactuca sativa) do que em monoculturas de couve chinesa (Cai, Li, Ryall, You, & Lin, 2011). Estes resultados sugerem que a cultura intercalar pode suprimir as populações de traça-das-crucíferas durante um longo período e não apenas a curto prazo (Thomson, Macfadyen, & Hoffmann, 2010). No Brasil, estudos conduzidos em sistema de consórcio de repolho com outras culturas (repolho e cebolinha, repolho e coentro, e repolho, cebolinha e coentro) não reduziram a taxa de parasitismo de larvas *de P. xylostella* por O. sokolowskii, o que o torna promissor para o controle biológico da traça-das-crucíferas; no entanto, não interferiu na colonização do repolho pela traça-das-crucíferas (SILVA-TORRES, 2009)

Controlo microbiológico da traça da couve

O controlo biológico baseado na utilização de microrganismos é uma alternativa muito promissora para assegurar uma proteção fitossanitária eficaz. Devido à ubiquidade natural dos agentes microbiológicos no ambiente.

Vírus

Vários baculovírus foram relatados como infecciosos para a traça da couve, entre eles o vírus da granulose (GV) e o vírus da poliedrose nuclear (NPV) (Goulson & Gory, 1995). O GV foi relatado como infectando DBM (Kadir, 1990). Os cientistas demonstraram que o GV é promissor como agente de controlo da podridão cinzenta (A. J. Cherry, Mercadier, Meikle, Castelo-Branco, & Schroer, 2004). Rohel. Cochran & Faulkner, em 1983, referiram que o NPV é infecioso para a podridão cinzenta e também para várias espécies de lepidópteros. O NPV é um dos biopesticidas importantes, com menor toxicidade residual, compatível com muitos pesticidas químicos e com carácter autoperpetuante (Jindal, Dhaliwal, & Koul, 2013). Pode ser implementado como um dos principais componentes do programa IPM (Hoffmann-Campo et al., 2003). No entanto, é necessário desenvolver orientações e metodologias de controlo de qualidade, identificar corantes eficazes e desenvolver estirpes resistentes aos raios UV (ultravioleta) (Wang & Deng, 2012). Além disso, devem ser disponibilizadas orientações e formação para a aplicação de agentes de controlo biológico (Abhilash & Singh, 2009).

Bactérias

Estudos recentes sobre estratégias de controle e redução populacional de *P. xylostella* utilizando microrganismos têm sido implementados na comunidade científica, com destaque para a bactéria entomopatogênica *B. thuringiensis* Berliner (De Bortoli, Polanczyk, Vacari, De Bortoli, & Duarte, 2013). Este entomopatógeno pode ser facilmente encontrado em diferentes ambientes, e é caracterizado por uma variedade de estirpes, cada uma formando um ou mais cristais de proteína (Cry) e toxinas citolíticas (Roh, Choi, Li, Jin, & Je, 2007) que têm atividade inseticida e determinaram a sua eficiência como um controle sobre certas pragas agrícolas. Outro tipo de proteína inseticida que pode ser sintetizada por algumas cepas de *B. thuringiensis* são as "Proteínas Inseticidas Vegetativas" (Vip), cujo espetro de ação inseticida atua em diferentes espécies de insetos (Argolo-Filho & Loguercio, 2013) . As toxinas Cry actuam através da formação de poros, mas a maioria dos eventos que levam à sua formação, após a ligação das toxinas activadas aos seus receptores, permanecem relativamente mal compreendidos (Palma, Munoz, Berry, Murillo, & Caballero, 2014) . No entanto, a resistência de *P. xylostella* à proteína de cristais tem sido observada desde a década de 1990 (Vachon, Laprade, & Schwartz, 2012).

Beauveria bassiana

B. bassiana, anteriormente, é um fungo entomopatogénico (parasita de insectos) que cresce naturalmente nos solos em todo o mundo. A B bassiana foi encontrada pela primeira vez em 1835 como a causa da doença muscardina dos bichos-da-seda domesticados (Rehner, 2005). Actua como parasita numa grande variedade de artrópodes, incluindo moscas brancas, térmitas, tripes, pulgões, besouros, lagartas, gorgulhos, gafanhotos, formigas, cochonilhas, percevejos e até mosquitos transmissores da malária (DeBach & Rosen, 1991). A suscetibilidade dos insectos às diferentes estirpes varia. Foram recolhidas estirpes de diferentes insectos infectados e cultivadas para criar um produto específico para utilização comercial (Cook, 1993).

A B. bassiana mata artrópodes em resultado do contacto do inseto com os conídios (esporos do fungo) (Inglis, Goettel, Butt, & Strasser, 2001). O contacto é feito de várias formas. A mais comum e eficaz é a queda de gotículas de pulverização sobre a praga ou o caminhar sobre uma superfície tratada (Van Emden, 1991). Uma vez que os esporos fúngicos se fixam na cutícula do inseto, os esporos do fungo germinam, enviando hifas filamentosas que penetram no corpo do inseto e proliferam (Watkinson, Boddy, & Money, 2015). São necessários 3 a 5 dias para que um inseto infetado morra. O inseto morto pode servir de fonte de esporos para a propagação secundária do fungo. Um macho adulto infetado também transmite o fungo durante o acasalamento (Roy, Steinkraus, Eilenberg, Hajek, & Pell, 2006).

CAPÍTULO 3. MATERIAIS E MÉTODOS

Área de estudo

Esta investigação foi efectuada no Instituto Internacional de Agricultura Tropical do Benim, em condições experimentais de T = 26±1⁰ C e RH = 65,5±5%.

Material vegetal, colónias de insectos e estirpes de fungos

A variedade de sementes de couve KK-cross foi utilizada para esta experiência (Figura 2).

As estirpes de fungos (quadro 2) e as larvas *de P. xylostella* foram gentilmente cedidas pelo Laboratório de Entomopatologia e pela secção de insectos do Instituto Internacional de Agricultura Tropical-Benim, respetivamente.

Figura 2: Plantas de couve com 21 dias de idade (A): Plantas de couve utilizadas para a cultura de *P. xylostella* e bioensaio laboratorial, (B): Cultura em massa de *P. xylostella* em plantas jovens de couve em estufa

Virulência das estirpes *de B. bassiana*

Para selecionar estirpes de *B. bassiana* para virulência contra larvas de terceiro estádio de *P. xylostella.* Os inóculos fúngicos foram cultivados em ágar dextrose de batata (PDA; Difco) em placas de Petri separadas. Resumidamente, [trinta e nove gramas de PDA em pó foram dissolvidos num litro de água destilada num Erlenmeyer, vaporizados durante 30 minutos e autoclavados durante 15 minutos a 121°C. Dez mililitros de solução de cloranfenicol (0,05 g de antibiótico colramfenicol mais 10 ml de álcool a 90%) foram adicionados aos meios autoclavados e os meios foram vertidos em placas de Petri de 9 cm na câmara de segurança de fluxo de ar para solidificação (Figura 3).

A cultura de conídios foi extraída de cada cultura através da adição de 20 ml de água destilada esterilizada (SDW) com uma suspensão de 0,05% de Tween80. Os conídios em cada placa de Petri foram colhidos da suspensão com uma peneira de malha de 90 pm, a concentração em cada suspensão foi determinada utilizando o Hemacytometer (Superior, Marienfeeld, Alemanha) e um microscópio de luz, e ajustada para a seguinte concentração 0 (controlo) 10^4 10^5 10^6 10^7 10^8 e 10^9 conídios.ml^{-1} 10^9 conídios/ml para utilização como inóculos nas experiências. A viabilidade dos conídios foi determinada através do cálculo da taxa de germinação utilizando a fórmula:

T= (número de conídios crescidos / (número de conídios crescidos +número de conídios não crescidos)) **x 100**.

Figura 3: Preparação do meio MS, (A) embalagem comercial de PDA, (B) meio MS dissolvido em água destilada e autoclavado, (C) PDA deitado em placas de Petri, (D) inóculo fúngico cultivado em PDA

P. xylostella inoculada com as várias concentrações (Figura 4) e estrias de conídios fúngicos foram mantidas em folhas de couve com 21 dias de idade (largura=2cm e comprimento=2cm) que foram primeiro desinfectadas com hipoclorito de sódio a 10% e lavadas três vezes com SDW. Para cada estirpe de fungos, foi utilizado um lote de 21 folhas desinfectadas e 210 larvas de terceiro estádio de *P. xylostella*. Foi feita uma observação diária e as larvas mortas foram registadas após cada tratamento. As larvas mortas foram incubadas em papel de seda húmido em placas de Petri para o crescimento externo do fungo.

Figura 4: Aplicação tópica de diferentes concentrações em larvas da fase 3 de *P. xylostella* em placas de Petri.

Efeito das doses da estirpe de *B. bassiana* na razão sexual de *P. xylostella* sobrevivente aos tratamentos

Foi registada a influência das várias estirpes de fungos nas larvas sobreviventes após o tratamento e o número de adultos emergidos (machos e fêmeas). Três casais de adultos que sobreviveram de forma estável às doses 10^7 e 10^8 conídios/ml de cada estirpe foram colocados em gaiolas (20 cm x20cmx 20 cm) em estufa (Figura 5). Cada casal de *P. xylostella* foi alimentado com uma solução de sacarose (10%). Foi introduzida uma folha de couve nova em cada gaiola para permitir que as fêmeas de *P. xylostella* se espreguiçassem, sendo renovada de vinte e quatro em vinte e quatro horas.

A taxa de redução dos ovos postos, das larvas L3 vivas e das pupas viáveis foi calculada a partir das fórmulas i), ii) e iii), respetivamente:

(i)

$$RP = \frac{NOT - NOI}{NOT} \times 100$$

(ii)

$$\%L = \frac{NL}{NO} \times 100$$

(iii)

$$\%P = \frac{NP}{NL} \times 100$$

Com:

RP: Redução da postura de ovos de *P. xylostella*

NOT: número de ovos postos pelo controlo

N01: número de ovos postos pela fêmea que sobreviveram *a B. bassiana*

%L: percentagem de terceiro estádio de *P. xylostella* viável

NL: número de *P. xylostella* L3 viáveis

NÃO: número de ovos postos

%P: percentagem de pupa viável

Figura 5: Acompanhamento de adultos de *P. xylostella* após o tratamento de *B. bassiana*

Análise estatística

Foram recolhidos dados sobre o número de ovos postos, larvas vivas L3, crisálidas e adultos emergidos para análise da dose letal (LD50) (X) com o software SPSS 16.0, utilizando a fórmula de regressão de Cox:

$$X=10Ln\,(\ln 0.5) - In\,(ho\,(t))/B.$$

e o teste de Khi-2 no limiar de 5% foi utilizado para comparar a média das taxas de esporulação das larvas mortas.

Tabela 2: Cinco estirpes de fungos de B. bassiana, utilizadas para esta experiência

Strains	Strain code	Host (Origin)	Author (Year of isolation)
6	Bb6	Acigona sp (Benin)	IITA-Bénin 1996
11	Bb11	Sesamia calamistis (Benin	IITA-Bénin 1996
115	Bb115	Locusta sp (Madagascar)	MSU/LUBILOS A 1997
116	Bb116	Locusta sp (Madagascar)	MSU/LUBILOS A 1996
362	Bb362	Callosobruchus sp (Benin)	IITA-Bénin 1996

CAPÍTULO 4. RESULTADOS

A taxa média de germinação observada foi de 93,06 ± 0,04 %, pelo que o ensaio foi considerado viável, uma vez que é superior a 85% Lomer et al., (1997)

Estimativa da DL50 das estirpes de B. *bassiana*

A função do valor da regressão de Cox (B) varia de 0,072 a 0,209. A Tabela 3 mostra o aumento da taxa de mortalidade observada em todas as doses aplicadas com a maior percentagem de morte de lava 10^9 conídios/ml em Bbll de valor de regressão de cox 0,209 indicando um controlo fiável de *P.Xylostella* (Figura 6).

Tabela 3: Modelos de regressão de Cox das várias doses de estirpes *de B. bassiana*

Estirpes	B	SE	Wald	Ddl	Probabilidade
Bb11	0.209	0.026	64.031	1	0.000
Bb115	0.140	0.023	37.361	1	0.000
Bb116	0.118	0.023	27.153	1	0.000
Bb362	0.072	0.021	11.446	1	0.001

B: valor da regressão de Cox, SE: erro padrão, Wald: coeficiente de Wald, ddl: grau de liberdade

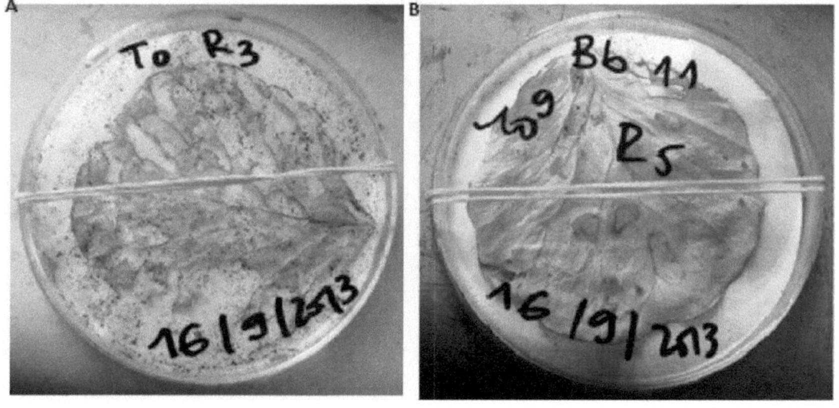

Figura 6: Danos causados por *P. xylostella* em folhas de couve após a aplicação de

estirpes de B *bassiana* e do controlo. (A): folha de controlo, (B) folha tratada.

Evolução da DL50 após a aplicação de isolados de fungos

Os resultados mostraram que as doses letais das diferentes estirpes de *B. bassiana*. 107,85, 108,91, 109,41, 1020,85 conídios/ml efetivamente para matar 50% de *P. xylostella* após a inoculação, respetivamente para Bb11, Bb115, Bb116 em quatro dias (Figura 7). Mas os conídios/ml da estirpe Bb6 eram muito baixos e não foi possível estimar a regressão de Cox para a DL50.

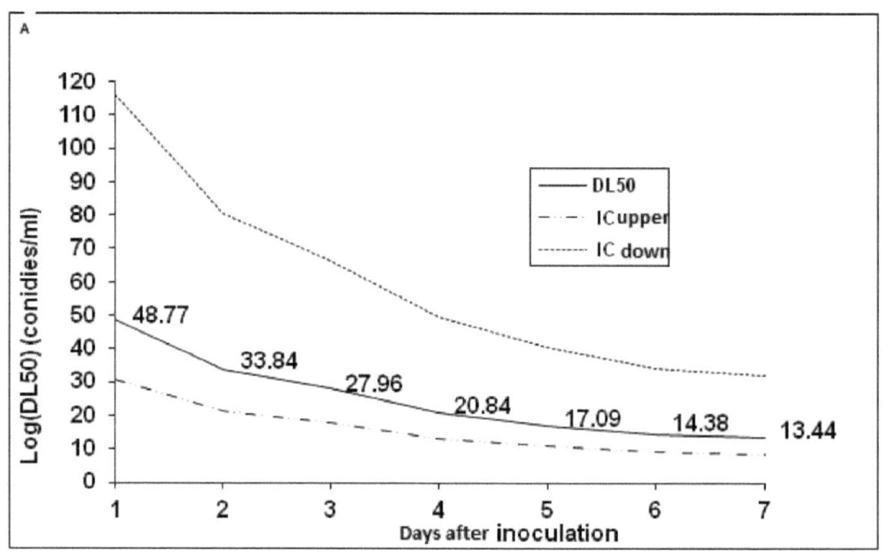

B
Log(DL50) (conidies/ml)
60
50
40
30
20
10
0
DL50
IC upper
IC down
19.77
12.54
9.77
7.85
6.30
5.63
5.44
1
2
3
4
5
6
7
Days after inoculation

c
Log(DL50) (conidies/ml)
60
50
40
30
20
10
0
DL50
IC upper
IC down
25.80
18.07
12.79
8.91
6.78
4.54
3.71
1
2
3
4
5
6
7
Days after inoculation

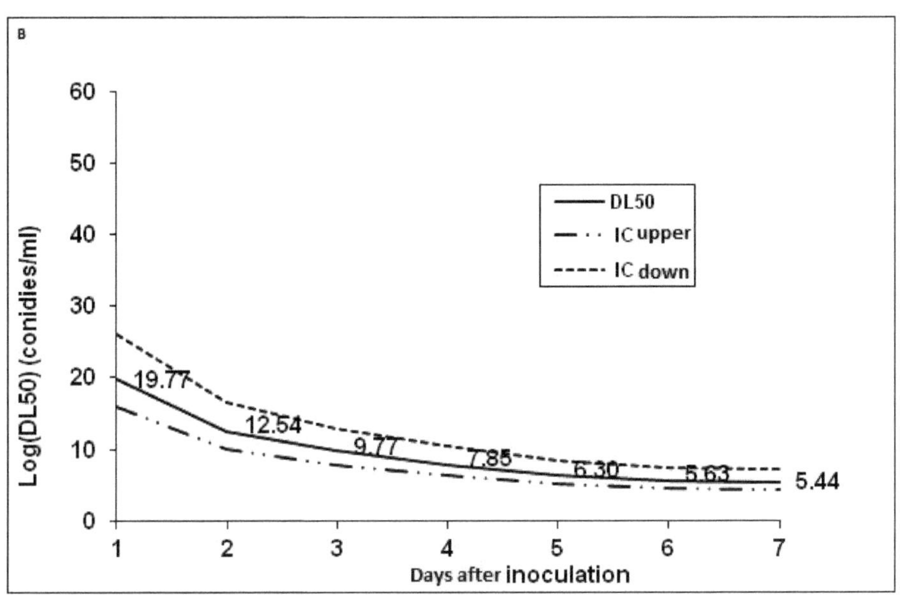

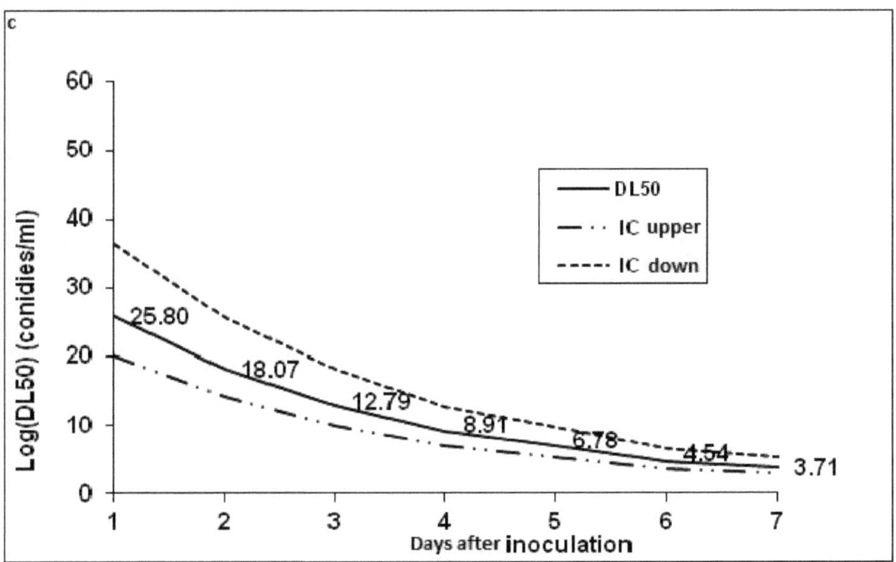

25

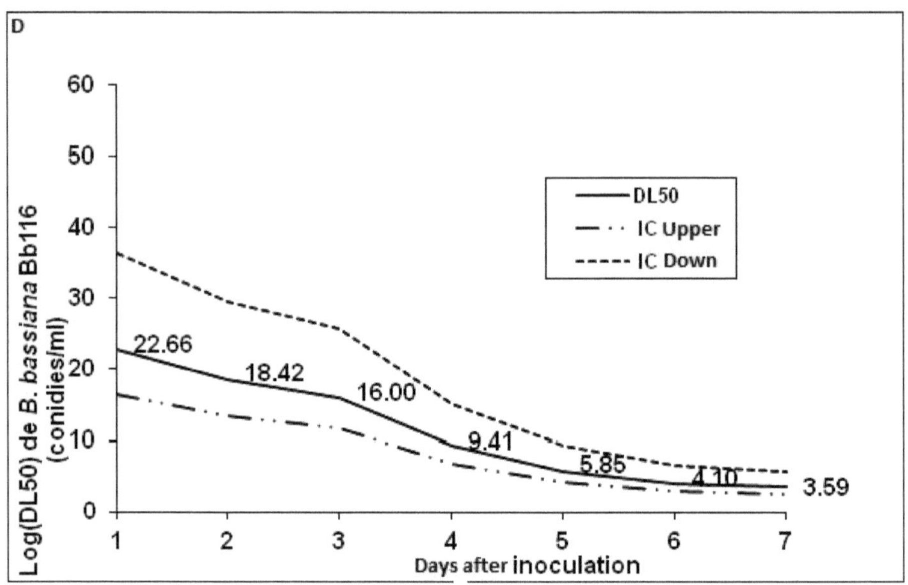

Figura 7: Efeito dose-resposta (LD50) das estirpes *de B. bassiana* em larvas de terceiro estádio de *P. xylostella* (A) Valor LD50 da estirpe Bb362 após o tratamento (B) Valor LD50 da estirpe Bb362 após o tratamento (C) Valor LD50 da estirpe Bb362 após o tratamento (D) Valor LD50 da estirpe Bb362 após o tratamento.

Esporulação de larvas mortas

A taxa de crescimento de Bbll em larvas *de P. xylostella* aumentou de acordo com a dose aplicada, mas a taxa de esporulação não foi estável para as estirpes Bb362, Bb116 e Bb6, especialmente entre 10^4 e 10^5 conídios/ml. Bb11 esporula em todas as larvas a 80% e 100% a 10^6 conidia/ml e 10^9 conidia/ml, respetivamente, com a taxa de esporulação mais forte a partir da dose 10^5 conidia/ml. No entanto, foi observado um baixo crescimento de Bbll6, Bbll5, Bb6 e Bb362 na larva a 10^9 conídios/ml (Figura 8). Na dose de 10^9 conídios/ml, a porcentagem de esporulação da cepa Bbll6 é baixa e não foi estatisticamente diferente da cepa Bbll5 ($\chi2 = 0,174$; P = 0,676) (Tabela 4). O mesmo resultado também foi observado para os isolados Bb6 e Bb362 que, na mesma concentração, apresentaram taxas de esporulação comparáveis, principalmente 81,80 ± 0,021% e 85,40 ± 0,021% ($\chi2 = 0,135$; P = 0,713). A taxa de esporulação parece ser limitada a partir da dose de conídios / ml para os isolados Bbll5 e Bb362. O sucesso da esporulação observado para os isolados estudados durante o presente trabalho representa um indicador de escolha para a produção em massa do fungo. Estudos indicaram que *B. bassiana* infecta seu hospedeiro por simples contato, todos os estágios do inseto são potencialmente suscetíveis de serem atacados no campo.

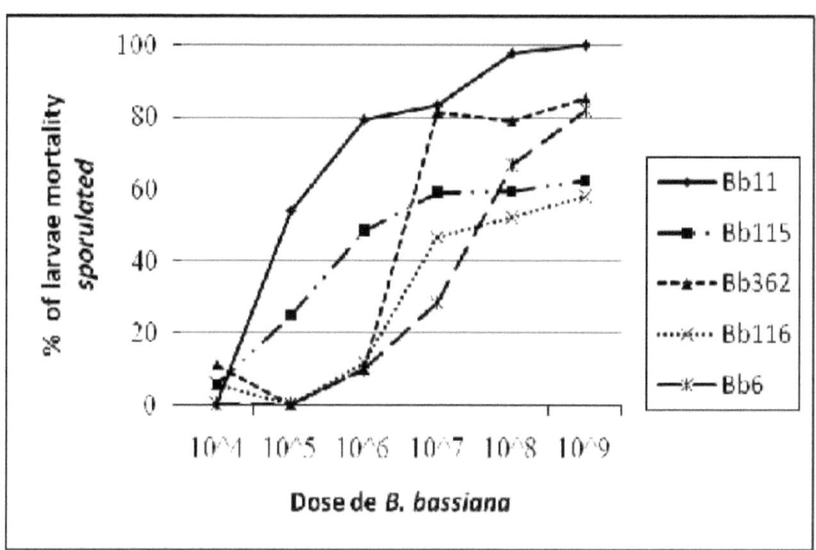

Figura 8: Taxa de esporulação de larvas mortas de *P. xylostella* em várias doses de estirpes *de B. bassiana*.

Quadro 4: Análise Khi-two das estirpes *de B. bassiana* utilizando o software SPSS 16.0

	Estirpe de *B.bassiana*	% de larvas mortas	khi-dois	ddl	P
	Bb11	100[a]	22,969	1	0,000*
	Bb115	62,50[b]			
	Bb11	100[a]	26,175	1	0,000*
	Bb116	58,30[b]			
	Bb11		7,834	1	0,005*
	Bb362	100[a] 85,40[b]			
10⁹	Bb11		9,626	1	0,002*
	Bb6	100[a] 81,80[b]			
	Bb115	62,50	0,174	1	0,676

Bb116	58,30			
Bb115	62,50[b]	5,870	1	0,015*
Bb362	85,40[a]			
Bb116	58,30[b]	7,814	1	0,005*
Bb362	85,40[a]			
Bb6	81,80	0,135	1	0,713
Bb362	85,40			

Para comparação de duas estirpes na dose de 109 conídios / ml, os níveis de larvas esporuladas seguidos pela mesma letra (a, b) não foram significativamente diferentes no limiar de 5%.

Efeito das várias estirpes na razão sexual das larvas sobreviventes após a inoculação

Investigar o efeito das várias estirpes sobre a proporção entre os sexos das larvas que sobreviveram após a inoculação. A Tabela 5 mostra que as larvas fêmeas são mais sensíveis a todas as estirpes do que os machos, pois houve uma redução na percentagem de sobrevivência. No entanto, apenas a Bb362 mostra uma alteração significativa no rácio entre machos e fêmeas a 10^7 e 10^8 conídios/ml.

Tabela 5: Estimativa do efeito da dose das estirpes *de B. bassiana* na razão sexual da sobrevivência das larvas. (A) Influência da dose da cepa Bb362 na razão sexual, (B) Influência da dose da cepa Bb11 na razão sexual, (C) Influência da dose da cepa Bbll5 na razão sexual, (D) Influência da dose da cepa Bb116 na razão sexual.

A: estirpe Bb362

Tratamento	Masculino		Feminino		Praça Khi	dd1	*P*
	Frequência (N)	Proporção (%)	Frequência (N)	Proporção (%)			
Controlo	22	52,38	20	47,62	0,095	1	0,758
10^4	21	51,29	20	48,78	0,024	1	0,876
10^5	19	54,29	16	45,71	0,257	1	0,612
10^6	21	53,85	18	46,15	0,231	1	0,631

Tratamento	Masculino		Feminino		Praça Khi	ddl	P
	Frequência (N)	Proporção (%)	Frequência (N)	Proporção (%)			
10^7	24	70,59	10	29,41	5,765	1	0,016*
10^8	21	70,00	9	30,00	4,800	1	0,029*

B: estirpe Bb11

Tratamento	Masculino		Feminino		Praça Khi	ddl	P
	Frequência (N)	Proporção (%)	Frequência (N)	Proporção (%)			
Controlo	23	51,11	22	48,89	0,022	1	0,882
10^4	26	59,09	18	40,91	1,455	1	0,228
10^5	20	55,56	16	44,44	0,444	1	0,505
10^6	13	54,17	11	45,83	0,167	1	0,683
10^7	11	57,89	8	42,11	0,474	1	0,491
10^8	3	60,00	2	40,00	0,200	1	0,655

C: estirpe Bb115

Tratamento	Masculino		Feminino		Praça Khi	ddl	P
	Frequência (N)	Proporção (%)	Frequência (N)	Proporção (%)			
Controlo	19	55,88	15	44,12	0,471	1	0,493
10^4	18	60,00	12	40,00	1,200	1	0,273
10^5	19	63,33	11	36,67	2,133	1	*0,144*
10^6	14	60,87	9	30,13	1,087	1	0,297
10^7	2	50,00	2	50,00	0,000	1	1,000
10^8	8	72,73	3	27,27	2,273	1	0,132

D: estirpe Bb116

Tratamento	Masculino		Feminino		Praça Khi	ddl	P
	Frequência (N)	Proporção (%)	Frequência (N)	Proporção (%)			
Controlo	14	48,28	15	51,72	0,035	1	*0,853*
10^4	15	48,39	16	51,61	0,032	1	*0,858*
10^5	15	57,69	11	42,31	0,615	1	0,433
10^6	14	63,64	8	36,36	1,634	1	0,201
10^7	11	73,33	4	26,67	3,267	1	0,071
10^8	*4*	80,00	1	20,00	1,800	1	0,180

*: Indica que existe uma diferença significativa P= 5%, Nenhuma diferença significativa 5% (P > 0,05).

Número de ovos postos pelas fêmeas de *P. Xylostella* que sobreviveram após a inoculação a baixa concentração. Foi observada uma redução percentual de 16,51, 16,62, 25,47 e 32,65 para as estirpes Bbll6, Bb362, Bbll e Bbll5, respetivamente, em comparação com o controlo (Quadro 6).

Efeito de estirpes *de B. bassiana* no aparecimento de adultos de *P. xylostella* após inoculação

As larvas que sobreviveram foram 52,22, 61,18, 69,38, 74,82 e 83,90 por cento, respetivamente, para Bbll5, Bbll, Bbll6, Bb362 e Bb6. No entanto, a proporção de larvas viáveis no controlo situou-se entre 88,35 e 99,31%. As crisálidas viáveis obtidas a partir das larvas viáveis foram menos influenciadas por *B. bassiana*, com valores entre 75,70 e 92,74% para a estirpe *de B. bassiana* em comparação com o controlo, conforme indicado no quadro 6.

Tratamento	Casal adulto N*	Ovos postos N	Ovos média N	% de redução de ovos %	As larvas L3 sobreviveram		As crisálidas sobreviveram	
					N	%	N	%
Bb116	3	258	**86,00**		179	**69,38**	166	**92,74**
				16,51				
Controlo	3	309	**103,00**		273	**88,35**	267	**97,80**

Bb115	3	293	97,67		153	52,22	123	80,39
				32,65				
Controlo	3	435	145,00		398	91,49	380	95,47
Bb11	3	322	107,33		197	61,18	159	80,71
				25,47				
Controlo	3	432	144,00		429	99,31	393	91,60
Bb362	3	286	95,33		214	74,82	162	75,70
				16,62				
Controlo	3	343	114,33		331	96,50	314	94,86
Bb6	3	323	107,67		271	83,90	218	80,44
				-10,62				
Controlo	3	292	97,33		282	96,57	264	93,61

Quadro 6: Efeito das estirpes *de B. bassiana* e do controlo no aparecimento de adultos de *P. xylostella* após a inoculação

N*: número

CAPÍTULO 5. DEBATE

A patogenicidade dos fungos entomopatogénicos depende da capacidade do seu equipamento enzimático, constituído por lipases, proteases e quitinases, que degradam o tegumento do inseto (Subhoshmita *et al.,* 2016). Estes estudos demonstraram que as estirpes de B. bassiana são muito promissoras como agentes biológicos em medidas de MIP contra a traça-das-crucíferas, *P. xylostella*, na couve. Todas as estirpes mostram uma germinação média elevada acima dos 85% recomendados (Lomer et al., 1997). Estes estudos indicaram que os fungos entomopatogénicos resultaram numa elevada mortalidade *de P. xylostella* em couve, o que está de acordo com outros estudos relatados na literatura (Godonou et al., 2009; Loc & Chi, 2007; Mehinto, Atachi, Kpindou, Dannon, & Tamd, 2014). Embora a taxa de mortalidade observada fosse dependente da estirpe e da dose. A cepa Bbll causou mais mortalidade de larvas do que Bb6 e Bb362, o que pode ser resultado da diferença na capacidade das cepas de B. bassiana de produzir mais enzimas e outros metabólitos responsáveis pela morte do hospedeiro. A patogenicidade de uma estirpe fúngica tem sido associada à produção de enzimas e micotoxinas durante a infeção de um inseto (Roddam & Rath, 1997; Rosell, Quero, Coll, & Guerrero, 2008). Entre todas as estirpes, a estirpe Bbll apresenta a maior virulência em comparação com as outras estirpes, no entanto, não existe uma diferença significativa na taxa de mortalidade quando comparada com Bbll5 e Bbll6 na mesma concentração. Isto sugere que ambas as estirpes de *B. bassiana* podem provavelmente ter um efeito patogénico semelhante.

A esporulação de larvas *de P. xylostella* depende da quantidade de concentração de conídios aplicada e a maior mortalidade foi registada a 10^5 e 10^8 conídios/ml. Isto sugere que a adesão dos fungos à cutícula do hospedeiro é importante para a penetração. Uma vez que o crescimento e a esporulação de fungos entomopatogénicos em cadáveres são importantes para a proliferação e a propagação da doença dentro de uma população de pragas na natureza. O crescimento dos esporos mostra uma correlação positiva com a taxa de mortalidade, o que está de acordo com os estudos de (T. Butt & Goettel, 2000; T. M. Butt, 2002).

Devido às fortes taxas de mortalidade registadas ao nível das larvas e das suas crisálidas, o número de fêmeas que emergiram foi inferior a 10^8 conídios/ml em comparação com 10^4 e 10^5 conídios/ml. Quanto maior a dose, menor o número de fêmeas que emergem, o que sugere que as crisálidas são mais sensíveis. Embora a maioria das larvas infectadas tenha morrido nos primeiros quatro dias após o tratamento, a infeção adquirida no embrião em desenvolvimento interrompe o ciclo de vida da sobrevivência. Estes estudos demonstraram que a infeção causada por estirpes *de B. bassiana* pode influenciar negativamente o número de adultos nas gerações seguintes. Este resultado é semelhante ao de (Kpindou, Djegui, Glitho, & Tamd, 2012), quando larvas de 3º estádio de *H. armigera* foram tratadas com *M. anisopliae* e *B. bassiana*.

Conclusão

A produção e a utilização de biopesticidas estão a aumentar a um ritmo acelerado. O interesse pela agricultura biológica e por produtos agrícolas sem resíduos de pesticidas justificaria certamente uma maior adoção dos biopesticidas pelos agricultores. A formação dos fabricantes sobre a produção e o controlo da qualidade, bem como a formação organizacional dos extensionistas e dos agricultores para popularizar os biopesticidas, podem ser essenciais para uma melhor adoção desta tecnologia. Dado que a segurança ambiental é uma preocupação global, é necessário sensibilizar os agricultores, os fabricantes, as agências governamentais, os decisores políticos e o cidadão comum para que passem a utilizar biopesticidas na gestão das pragas. Acredita-se também que os pesticidas biológicos podem ser menos vulneráveis às variações genéticas nas populações de plantas que causam problemas relacionados com a resistência aos pesticidas. Se forem utilizados de forma adequada, os biopesticidas têm potencial para trazer sustentabilidade à agricultura global para a segurança alimentar.

Agradecimentos

O autor gostaria de agradecer ao Centro de Controlo Biológico, ao Instituto Internacional de Agricultura Tropical do Benim e aos revisores anónimos pelas suas valiosas sugestões e comentários atenciosos.

REFERÊNCIA

Abhilash, P., & Singh, N. (2009). Utilização e aplicação de pesticidas: um cenário indiano. *Journal ofhazardous materials, 165{* 1-12.

Alford, D. V., Nilsson, C., & Ulber, B. (2003). Pragas de insectos de culturas de colza. *Biocontrol of oilseed rape pests,* 9-41.

Argôlo-Filho, R. C., & Loguercio, L. L. (2013). Bacillus thuringiensis é um patógeno ambiental e a especificidade do hospedeiro se desenvolveu como uma adaptação a nichos ecológicos gerados pelo homem. *Insetos,* 5(1), 62-91.

Askari, A., Mertins, J., & Coppel, H. (1977). Biologia do Desenvolvimento e Estágios Imaturos de Meteorus pulchricornis 1 no Laboratório 2. *Annals of the Entomological Society ofAmerica,* 76(5), 655-659.

Atwal, A. (2000). O futuro dos pesticidas na proteção das plantas. *Plant protection in the year,* 77-90.

Berg, G. (2009). Interações planta-micróbio que promovem o crescimento e a saúde das plantas: perspectivas para a utilização controlada de microrganismos na agricultura. *Applied microbiology andbiotechnology, 84{\\},* 11-18.

Butt, T., & Goettel, M. (2000). Bioensaios de fungos entomogénicos. *Bioassays of entomopathogenic microbes and nematodes,* 141-195.

Butt, T. M. (2002). Utilização de fungos entomógenos para o controlo de pragas de insectos *Aplicações agrícolas* (pp. 111-134): Springer.

Cai, H., Li, S., Ryall, K., You, M., & Lin, S. (2011). Efeitos do cultivo intercalar de alho ou alface com couve chinesa no desenvolvimento de larvas e pupas da traça-das-crucíferas (Plutella xylostella). *Jornal Africano de Investigação Agrícola,* 6(15), 3609-3615.

Capinera, J. L. (2008). Traça-das-costas-de-diamante, Plutella xylostella (Linnaeus) (Lepidoptera: Plutellidae) *Encyclopedia of Entomology* (pp. 1202-1206): Springer.

Center, T. D., Dray Jr, F. A., Jubinsky, G. P., & Grodowitz, M. J. (2002). *Insectos e outros artrópodes que se alimentam de plantas aquáticas e de zonas húmidas*: Departamento de Agricultura dos EUA.

Cherry, A. (2006). PROGRAMA DE PROTECÇÃO DAS CULTURAS.

Cherry, A. J., Mercadier, G., Meikle, W., Castelo-Branco, M., & Schroer, S. (2004). *The role of entomopathogens in DBM biological control.* Trabalho apresentado no Improving biocontrol of Plutella xylostella A/Proceedings of the International Symposium, Montpellier, França, 21À/24 de outubro.

Clutton-Brock, T. H. (1988). *Reproductive success: studies of individual variation in contrasting breeding systems".* University of Chicago Press.

Cook, R. J. (1993). Melhor utilização dos microrganismos introduzidos para o controlo biológico dos agentes patogénicos das plantas. *Revisão anual de fitopatologia, 31* (1), 53-80.

Cranshaw, W. (2003). Bacillus thuringiensis. *Série Insectos. Casa e jardim; no. 5.556.*

Dara, S. K., Dara, S. S., & Dara, S. S. (2016). Primeiro relato de fungos entomopatogênicos, Beauveria bassiana, Isaria fumosorosea e Metarhizium brunneum promovendo o crescimento e a saúde de plantas de repolho crescendo sob estresse hídrico. *UCANR eJoumal Strawberries and Vegetables, 19.*

De Bon, H., Huat, J., Parrot, L., Sinzogan, A., Martin, T., Malezieux, E., & Vayssieres, J.-F. (2014). Riscos de pesticidas decorrentes da gestão de pragas de frutas e legumes por pequenos agricultores na África subsaariana. A review. *Agronomy forsustainable development, 34(A),* 723-736.

De Bortoli, S., Polanczyk, R., Vacari, A., De Bortoli, C., & Duarte, R. (2013). Plutella xylostella (Linnaeus, 1758)(Lepidoptera: Plutellidae): Táticas para o manejo integrado de pragas em Brassicaceae *Controle de Plantas Daninhas e Pragas - Convencional e Novos Desafios'.* InTech.

DeBach, P., & Rosen, D. (1991). *Biological control by natural enemies".* Arquivo CUP.

Desneux, N., Wajnberg, E., Wyckhuys, K. A., Burgio, G., Arpaia, S., Narvaez-Vasquez, C. A., . . . Frandon, J. (2010). Invasão biológica de culturas europeias de tomate por Tuta absoluta: ecologia, expansão geográfica e perspectivas de controlo biológico. *Journal ofpest science, 83(f),* 197-215.

Dixon, G. R. (2007). *Vegetable Brassicas and related crucifers".* CABI.

Eilenberg, J., Hajek, A., & Lomer, C. (2001). Sugestões para unificar a terminologia do controlo biológico. *BioControl, 46(A),* 387-400.

Evans, L. T. (1996). *Crop evolution, adaptation and yield'.* Cambridge University Press.

Fageria, N. K. (2016). *O uso de nutrientes em plantas cultivadas".* CRC press.

Fathipour, Y., & Sedaratian, A. (2013). Gestão integrada de Helicoverpa armigera em sistemas de cultivo de soja *Resistência a pragas de soja '.* InTech.

Fitt, G. P. (1989). A ecologia das espécies de Heliothis em relação aos agroecossistemas. *Revisão anual de entomologia, 34(A),* 17-53.

Furlong, M. J., Wright, D. J., & Dosdall, L. M. (2013). Ecologia e gestão da traça do diamante: problemas, progresso e perspectivas. *Revisão anual de entomologia, 58,* 517-541.

Ghahari, H., Fischer, M., & Jussila, R. (2012). Vespas braconídeas e ichneumonídeas (Hymenoptera, Ichneumonoidea) como parasitóides de Plutella xylostella (L.)(Lepidoptera: Plutellidae) no Irão. *Entomofauna, 18,* 281288.

Godonou, I., James, B., Atcha-Ahowe, C., Vodouhe, S., Kooyman, C., Ahanchede, A., & Korie, S. (2009). Potencial dos isolados de Beauveria bassiana e Metarhizium anisopliae do Benim para controlar Plutella xylostella L. (Lepidoptera: Plutellidae). *CropProtection, 28(3),* 220-224.

Gols, R., & Harvey, J. A. (2009). Efeitos mediados por plantas nas Brassicaceae sobre o desempenho e o comportamento dos parasitóides. *Phytochemistry Reviews,* 5(1), 187-206.

Goulson, D., & Gory, J. (1995). Sublethal effects of baculovirus in the cabbage moth, Mamestrabrassicae. *Biological Control, 5(3),* 361-367.

Gowri, G., & Manimegalai, K. (2016). Biologia da traça das costas de diamante, Plutella xylostella (Lepidoptera: Plutellidae) da couve-flor em condições de laboratório. *Revista Internacional de Fauna e Estudos Biológicos, 3(5),* 29-31.

Grassberger, M., & Reiter, C. (2002). Effect of temperature on development of the forensically important holarctic blow fly Protophormia terraenovae (Robineau-Desvoidy)(Diptera: Calliphoridae). *Forensic Science International, 128(3),* 177-182.

Gross, P. (1993). Defesas comportamentais e morfológicas dos insectos contra parasitóides. *Revisão anual de entomologia,* 35(1), 251-273.

Grzywacz, D., Rossbach, A., Rauf, A., Russell, D., Srinivasan, R., & Shelton, A. (2010). Métodos de controlo actuais para a traça-das-crucíferas e outras pragas de insectos das brássicas e perspectivas de uma melhor gestão com brássicas vegetais Bt resistentes a lepidópteros na Ásia e em África. *Proteção das Culturas, 29(1),* 68-79.

Hasibuan, R., Christalia, N., Susilo, F., & Yasin, N. (2011). IMPACTO POTENCIAL DE METARHIZIUM ANISOPLIAE NA TRAÇA-DAS-CRUCÍFERAS (LEPIDOPTERA: PLUTELLIDAE) E NO SEU PARASITÓIDE DIADEGMA SEMICLAUSUM (HYMENOPTERA: ICHNEUMONIDAE). *Jurnal Hama dan Penyakit Tumbuhan Tropika, 9(2),* 99-108.

Hobbs, P. R., Sayre, K., & Gupta, R. (2008). O papel da agricultura de conservação na agricultura sustentável. *Philosophical Transactions of the Royal Society ofLondon B: Biological Sciences,* 363(1491), 543-555.

Hoffmann-Campo, C., Oliveira, L., Moscardi, F., Gazzoni, D., Corrêa-Ferreira, B., Lorini, I., . . . Corso, I. (2003). Manejo integrado de pragas no Brasil. *Integrated pest management in the global arena. CABI Publishing, Wallingford e Cambridge*, 285-299.

Hooks, C. R., & Johnson, M. W. (2003). Impact of agricultural diversification on the insect community of cruciferous crops (Impacto da diversificação agrícola na comunidade de insectos de culturas crucíferas). *Crop Protection, 22(2)*, 223-238.

Inglis, G. D., Goettel, M. S., Butt, T. M., & Strasser, H. (2001). Uso de fungos hifomicetos para o manejo de pragas de insetos. *Fungos como agentes de biocontrolo*, 23-69.

Jenkins, N. E., & Grzywacz, D. (2000). Controlo de qualidade de agentes de biocontrolo fúngicos e virais - garantia do desempenho do produto. *Biocontrol Science and Technology, 10(6)*, 753-777.

Jeschke, P. (2004). O papel único do flúor na conceção de ingredientes activos para a proteção moderna das culturas. *ChemBioChem, 5(5)*, 570-589.

Jindal, V., Dhaliwal, G., & Koul, O. (2013). Gestão de pragas no século 21: roteiro para o futuro. *Biopestic. Int, 9(1)*, 1-22.

Kaaya, G. P., & Hassan, S. (2000). Fungos entomógenos como biopesticidas promissores para o controlo de carraças. *Experimental & applied acarology, 24(12)*, 913-926.

Kadir, H. A. (1990). *Potencial de vários baculovírus para o controlo da traça-das-crucíferas e da Crocidolomia binotalis nas couves.* Comunicação apresentada no Diamondback moth and other crucifer pests: Segundo seminário internacional.

Kahane, R., Hodgkin, T., Jaenicke, H., Hoogendoom, C., Hermann, M., Hughes, J. d. A., . . . Looney, N. (2013). Agrobiodiversidade para segurança alimentar, saúde e renda. *Agronomia para o desenvolvimento sustentável, 33(4)*, 671-693.

KALE, D. M. O. (2007). *POTENCIAL DE UTILIZAÇÃO DE NEMÁTODOS ENTOMOPATOGÉNICOS NA GESTÃO DE.* DEPARTAMENTO DE CIÊNCIA DAS PLANTAS E PROTECÇÃO DAS CULTURAS, UNIVERSIDADE DE NAIROBI.

Khatri, D. (2011). *Biologia reprodutiva de Diadegma semiclausum Hellen (Hymenoptera: Ichneumonidae).* Universidade de Massey.

Kibirige, D. (2014). Comparação dos orçamentos empresariais estimados para o milho e a couve de explorações comerciais e de subsistência ideais de pequena escala na província do Cabo Oriental, na África do Sul. *Int. J Econ. Commer. Manag, 2*, 1-14.

Körner, C. (2003). *Alpine plant lifeifunctional plant ecology of high mountain ecosystems; with 47 tables'*. Springer Science & Business Media.

Kpindou, O. D., Djegui, D. A., Glitho, I. A., & Tamö, M. (2012). Réponse des stades larvaires de Helicoverpa armigera (Hübner)(Lepidoptera: Noctuidae) à l'application de champignons entomopathogènes Metarhizium anisopliae et Beauveria bassiana. *Biotechnologie, Agronomie, Société etEnvironnement, 16(3)*, 283-293.

Kumar, R. (1966). Studies on the biology, immature stages and relative groowth of some Australian bugs of the superfamily Coreoidea (Hemiptera: *Heteroptera)*. *Australiandournal ofZoology, 14(5)*, 895-991.

Kumar, S., & Singh, A. (2015). Biopesticidas: situação atual e perspectivas futuras. *JFertilPestic, 6(2)*.

Lee, J., Mahendra, S., & Alvarez, P. J. (2010). Nanomateriais na indústria da construção: uma revisão das suas aplicações e considerações de saúde e segurança ambiental. *ACS nano, 4(7)*, 3580-3590.

Lee, J. C., & Heimpel, G. E. (2005). Impacto do trigo mourisco em flor nas pragas de Lepidópteros da couve e seus parasitóides em duas escalas espaciais. *Biological Control, 34(3)*, 290-301.

Leff, B., Ramankutty, N., & Foley, J. A. (2004). Geographic distribution of major crops across the world (Distribuição geográfica das principais culturas no mundo). *Global Biogeochemical Cycles, 18(f)*.

Loc, N. T., & Chi, V. T. B. (2007). Potencial de biocontrolo de Metarhizium anisopliae e Beauveria bassiana contra a traça-das-crucíferas, Plutella xylostella. *Omonrice, 15*, 86-93.

Lohr, B., & Kfir, R. (2004). A traça-das-crucíferas Plutella xylostella (L.) em África. Uma revisão com ênfase no controlo biológico. *Improving Biocontrol ofPlutellaxylostella*, 2(87614), 5707.

Matthews, G. (2008). *Pesticide application methods"*. John Wiley & Sons.

Mays, W., & Kok, L. (1997). Oviposição, desenvolvimento e preferência de hospedeiro do verme da couve (Lepidoptera: Pyralidae). *Environmental entomology, 26(6)*, 1354-1360.

McNaughton, S., & Marks, G. (2003). Desenvolvimento de uma base de dados de composição de alimentos para a estimativa da ingestão alimentar de glucosinolatos, os constituintes biologicamente activos dos vegetais crucíferos. *British Journal ofNutrition, 90(3)*, 687-697.

Mehinto, J. T., Atachi, P., Kpindou, O. K. D., Dannon, E. A., & Tamo, M. (2014). Mortalidade dos estágios larvais de Maruca vitrata (Lepidoptera: Crambidae) induzida por diferentes doses dos fungos entomopatogénicos Metarhizium anisopliae e Beauveria bassiana. *Revista Internacional, 2(4)*, 273-285.

Migwi, B. G. *(2T16). Avaliação das percepções dos agricultores e da vontade de pagar pelo Aflasafe KeOl, um controlo biológico das aflatoxinas no Quénia.* Universidade de Nairobi.

Moazami, N. (2008). Produção de biopesticidas. *Enciclopédia de Sistemas de Suporte à Vida (EOLSS).*

Nonnecke, I. L. (1989). *Vegetable production".* Springer Science & Business Media.

Oke, O., Charles, N., Ismael, C., & Lesperance, D. (2010). Eficácia de um método botânico e biológico para controlar a traça-das-crucíferas (Plutella xylostella L.) na couve (Brassica oleracea var capitata L.) em condições de campo aberto em Anse Boileau, Seychelles. *Journal of Agricultural Extension and Rural Development, 2(1),* 141-143.

Palma, L., Munoz, D., Berry, C., Murillo, J., & Caballero, P. (2014). Toxinas de Bacillus thuringiensis: uma visão geral de sua atividade biocida. *Toxinas,* 6(12), 3296-3325.

Parrot, L., Assogba Komlan, F., Vidogbena, F., Adegbidi, A., Baird, V., Martin, T., . . . Wasilwa, L. A. (2014). *Redes ecológicas para melhorar a produção e a qualidade dos vegetais na África subsaariana.* Trabalho apresentado no XXIX Congresso Internacional de Horticultura sobre Horticultura: Sustentando Vidas, Meios de Subsistência e Paisagens (IHC2014): 1105.

Pearce, A. F., & Feng, M. (2013). A ascensão e queda da "onda de calor marinha" ao largo da Austrália Ocidental durante o verão de 2010/2011. *Journal of MarineSystems, 111,* 139-156.

Peterson, A. (1964). Tipos de ovos entre as traças de Noctuidae (Lepidoptera). *TheFloridaEntomologist, 47(2),* 71-91.

Philips, C., Fu, Z., Kuhar, T., Shelton, A., & Cordero, R. (2014). História natural, ecologia e manejo da mariposa diamante (Lepidoptera: Plutellidae), com ênfase nos Estados Unidos. *Journal of Integrated PestManagement,* 5(3),D1-D11.

Popp, J., Peto, K., & Nagy, J. (2013). Produtividade dos pesticidas e segurança alimentar. *A XQNIOW. Agronomia para o desenvolvimento sustentável,* 33(1), 243-255.

Porterfield, W. (1951). Os principais alimentos vegetais chineses e plantas alimentares dos mercados de Chinatown. *Botânica Económica,* 5(1), 3-37.

Pretty, J. N. (2012). *The pesticide detox: towards a more sustainable agriculture".* Earthscan.

Pua, E. C., & Douglas, C. J. (2004). *Brassica* (Vol. 54): Springer Science & Business Media.

Rakow, G. (2004). Origem das espécies e importância económica da Brassica *Brassica* (pp. 3-11): Springer.

Rehner, S. A. (2005). *Phylogenetics of the insect pathogenic genus Beauveria".* Oxford University Press, Nova Iorque.

Rinkevich, F. D., Du, Y., & Dong, K. (2013). Diversidade e convergência de mutações do canal de sódio envolvidas na resistência aos piretróides. *Bioquímica e Fisiologia de Pesticidas, 106(3),* 93-100.

Roddam, L. F., & Rath, A. C. (1997). Isolamento e caraterização deMetarhizium anisopliae eBeauveria bassianafrom Subantarctic Macquarie Island. *Journal of invertebrate pathology, 69(3),* 285-288.

Roh, J. Y., Choi, J. Y., Li, M. S., Jin, B. R., & Je, Y. H. (2007). Bacillus thuringiensis como uma ferramenta específica, segura e eficaz para o controlo de pragas de insectos. *Journal of microbiology and biotechnology, 17(A),* 547.

Rosell, G., Quero, C., Coll, J., & Guerrero, A. (2008). Inseticidas bioracionais no manejo de pragas. *Journal ofPesticideScience, 33(2),* 103-121.

Roy, H., Steinkraus, D., Eilenberg, J., Hajek, A., & Pell, J. (2006). Bizarre interactions and endgames: entomopathogenic fungi and their arthropod hosts.AwwM. *Rev. Entomol., 51,* 331-357.

Sahu, J. K. (2008). *Incidência sazonal e biologia da traça das costas de diamante (Plutella xylostella Linn.) na couve e eficácia de insecticidas ecológicos.* Indira Gandhi Krishi Vishwavidyalaya, Raipur.

Sarfraz, M., Keddie, A. B., & Dosdall, L. M. (2005). Controlo biológico da traça-das-crucíferas, Plutella xylostella: uma revisão. *Biocontrol Science and Technology, 15(8),* 763-789.

Sarwar, M. (2016). Pontos de uso de inseticidas biológicos em consórcio com pragas ou vetores de insetos-alvo e aplicação no habitat. *Jornal Internacional de Entomologia e Neematologia,* 3(1), 14-20.

SARWAR, M. (2017). Controle integrado de pragas de insetos em canola e outras culturas de sementes oleaginosas de Brassica no Paquistão. *Gestão Integrada de Pragas de Insectos em Canola e Outras Culturas de Sementes Oleaginosas de Brassica,* 193.

SAVVA, A. P., & FRENKEN, K. Agronomic Aspects of Irrigated Crop Production.

Sayer, J., & Cassman, K. G. (2013). Inovação agrícola para proteger o meio ambiente:

National Acad Sciences.

Schneider, M. L., & Francis, C. A. (2005). Marketing de alimentos produzidos localmente: Consumer and farmer opinions in Washington County, Nebraska. *Renewable Agriculture and Food Systems, 20(4)*, 252-260.

Sharma, D., & Rao, D. (2012). A Field Study of Pest of Cauliflower, Cabbage and Okra in some areas of Jaipur (Estudo de campo de pragas de couve-flor, repolho e quiabo em algumas áreas de Jaipur). *International Journal of Life Sciences Biotechnology and Pharma Research, 7(2)*, 2250-3137.

SHARMA, S. MANAGEMENT STRATEGIES FOR INSECT PESTS OF PEA AND FRENCH BEAN. *CCS HaryanaAgricultural University*, 35.

Shelton, A. M., Tang, J. D., Roush, R. T., Metz, T. D., & Earle, E. D. (2000). Field tests on managing resistance to Bt-engineered plants. *Nature biotechnology, 18(3)*, 339.

Shivalingaswamy, T., & Satpathy, S. (2007). Gestão integrada de pragas em culturas hortícolas. *Entomology: Novel Approaches, New India Publishing Agency, New Delhi, India*, 353-375.

Shorey, H., Andres, L., & Hale Jr, R. (1962). A biologia de Trichoplusia ni (Lepidoptera: Noctuidae). I. História de vida e comportamento. *Annals of the EntomologicalSocietyofAmerica, 55(5)*, 591-597.

SILVA-TORRES, C. S. A. d. (2009). Parasitismo de Plutella xylostella (L.) (Lepidoptera: Plutellidae) por Oomyzus sokolowskii (Kurdjumov) (Hymenoptera: Eulophidae).

Simon, S., Komlan, F. A., Adjaito, L., Mensah, A., Coffi, H. K., Ngouajio, M., & Martin, T. (2014). Eficácia das redes de insectos para a produção de couve e gestão de pragas, dependendo da frequência de remoção da rede e do microclima. *InternationalJoumal ofPestManagement, 60(3)*, 208-216.

Stamp, N. E. (1980). Padrões de deposição de ovos em borboletas: porque é que algumas espécies agrupam os seus ovos em vez de os depositarem individualmente? *The American Naturalist, U5(3)*, 367-380.

Talekar, N. (1996). Controlo biológico de Diamondback. *Boletim de Proteção das Plantas, 38(3)*, 167-189.

Talekar, N., & Shelton, A. (1993). Biology, ecology, and management of the diamondback moth.Awwwa/ *review of entomology, 35(1)*, 275-301.

Teetes, G. L., Reddy, K. S., Leuschner, K., & House, L. (1983). Manual de identificação de insectos do sorgo: Instituto Internacional de Pesquisa de Culturas para os Trópicos Semi-Áridos.

Thomson, L. J., Macfadyen, S., & Hoffmann, A. A. (2010). Predicting the effects of climate change on natural enemies of agricultural pests (Previsão dos efeitos das alterações climáticas nos inimigos naturais das pragas agrícolas). *Biological Control, 52(3)*, 296-306.

Vachon, V., Laprade, R., & Schwartz, J.-L. (2012). Modelos atuais do modo de ação das proteínas cristalinas inseticidas de Bacillus thuringiensis: uma revisão crítica. *Journal of invertebratepathology, 111(1)*, 1-12.

Van Emden, H. F. (1991). *Pest control-*. Cambridge University Press.

Vidogbena, F., Adegbidi, A., Tossou, R., Assogba-Komlan, F., Martin, T., Ngouajio, M., . . . Zander, K. K. (2016). Explorando factores que moldam as opiniões dos pequenos agricultores sobre a adoção de redes ecológicas para a produção de vegetais. *Ambiente, Desenvolvimento e Sustentabilidade, 18(6)*, 1749-1770.

Vidogbena, F., Adegbidi, A., Tossou, R., Assogba-Komlan, F., Martin, T., Ngouajio, M., . . . Zander, K. K. (2015). Disposição dos consumidores para pagar por repolho com resíduos de pesticidas minimizados no sul do Benin. *Environments*, 2(4), 449-470.

Wang, J., & Deng, Z. (2012). Deteção e previsão de surtos de norovírus de ostras: avanços recentes e perspectivas futuras. *Investigação ambiental marinha, 80*, 62-69.

Watkinson, S. C., Boddy, L., & Money, N. (2015). *Thefungl-*. Academic Press.

Zalucki, M. P., Clarke, A. R., & Malcolm, S. B. (2002). Ecology and behavior of first instar larval Lepidoptera. *Revisão anual de entomologia, 47(1)*, 361-393.

Zalucki, M. P., Shabbir, A., Silva, R., Adamson, D., Shu-Sheng, L., & Furlong, M. J. (2012). Estimar o custo económico de uma das principais pragas de insectos do mundo, Plutella xylostella (Lepidoptera: Plutellidae): qual é o comprimento de um pedaço de corda? *Journal of Economic Entomology, 105(4)*, 11151129.

yes I want morebooks!

Buy your books fast and straightforward online - at one of world's fastest growing online book stores! Environmentally sound due to Print-on-Demand technologies.

Buy your books online at
www.morebooks.shop

Compre os seus livros mais rápido e diretamente na internet, em uma das livrarias on-line com o maior crescimento no mundo! Produção que protege o meio ambiente através das tecnologias de impressão sob demanda.

Compre os seus livros on-line em
www.morebooks.shop

info@omniscriptum.com
www.omniscriptum.com